I0446776

Do Hidrogênio ao Hélio

- Sem Fusão Nuclear -

Sergio Antonio Meneghetti

Pindamonhangaba - SP - Brasil

Janeiro de 2024

Capa: Sergio Antonio Meneghetti
Edição: Sergio Antonio Meneghetti

ISBN: 9798873779291
Selo editorial: Independently published

Sumário

Sergio Antonio Meneghetti

Introdução

Este trabalho tem a intenção de mostrar outra possibilidade na mecânica quântica em relação à origem do Hidrogênio.

O assunto a ser explorado é a possibilidade de se obter os elementos Hélio e Hélio-3 utilizando a transmutação atômica de baixa energia, portanto, uma condição mais barata para atender os desafios da indústria de alta tecnologia e na geração de energia limpa através de reatores por Fusão Nuclear.

Após muito trabalho intelectual e com a ajuda da Intuição (Método Intuitivo Sintético), o autor teve um insight significativo e esclarecedor para tais objetivos.

Do nascimento do Hidrogênio até o elemento Hélio, o caminho lógico e natural no desenvolvimento das estruturas atômicas.

A ciência tem o dever de pesquisar todas as possibilidades, pois, no aparente absurdo, pode estar a chave da realidade dos fenômenos desafiadores do universo.

Capítulo I

Concentração Dinâmica

$$E = m.c^2$$

E= energia.

m= massa.

c = velocidade da luz ao quadrado.

Acredito que a maioria das pessoas conhecem esta fórmula.

Sem entrar nos detalhes da equação, esta foi uma conquista revolucionária na física.

Com esta descoberta de Albert Einstein, foi possível calcular a quantidade de energia contida em gramas, quilos ou toneladas de matéria.

Com o advento da Bomba Atômica, presenciou-se o potencial de energia contido em pequenas quantidades de matéria.

Simplesmente algo fantástico.

A grande pergunta é:

- Como concentrar tanta energia em um volume sólido e tão pequeno?

É desafiando a esta pergunta que iniciamos este trabalho.

Convido ao leitor a caminhar junto aos pensamentos que seguem por essas linhas.

Vamos imaginar que não há nenhuma teoria descrevendo uma possível origem do universo físico.

Vou atentar aos fenômenos observados e estudados no micro e macrocosmo, sem lançar mão de deduções ou premissas das possíveis origens. Seria como iniciar um processo do zero sem a obrigação de estar fixado em algo preestabelecido pela ciência.

Esta liberdade de pensamento é vital para abrir novas possibilidades.

Outro detalhe muito importante é lançar mão de outras fontes de informações não ortodoxas.

A ciência, ou o progresso científico não podem estar presos a nada, pois, muitas regras do ontem foram derrubadas devido às novas descobertas.

Desta forma, utilizarei as informações fornecidas pela ciência, por fontes obtidas através de fenômenos psíquicos perceptivos, ou também conhecidos como sobrenaturais, e o trabalho intelectual para costurar estas informações em uma única estrutura explicativa das manifestações dos fenômenos físicos, químicos e metafísicos.

Através destes embasamentos, o escopo da obra é mostrar desde a concentração da energia para a formação da partícula até o título do livro, o crescimento do Hidrogênio até o próximo elemento que é o Hélio, sem a necessidade da fusão nuclear.

Mostrando o processo desta possibilidade, a ciência poderá ter uma nova interpretação do mecanismo de desenvolvimento do universo. De onde partiu a matéria e para onde ela terá seu destino destrutivo ou de desagregação.

Posso garantir que a maior dificuldade neste trabalho é a do leitor pesquisador em se abster de conceitos preestabelecidos como fatos irrefutáveis.

Com os esclarecimentos acima, vamos ao que realmente interessa, o estudo dos fenômenos.

Sem entrar em detalhes previamente conhecidos pela ciência, o estudo do comportamento da energia na forma de onda é o primeiro passo para a construção do edifício atômico.

A primeira pergunta:

- Qual o motivo deste tipo de manifestação da energia na forma de onda?

Observando todos os fenômenos da natureza, estes utilizam a quantidade de energia exata para suas manifestações, ou processo de desenvolvimento.

Algo que é crucial neste contexto, é que a natureza dos fenômenos sempre utilizará o caminho de menor consumo de energia para realizar qualquer manifestação.

Com estas informações, é dedutível que no caso da onda, este tipo de movimento da energia é o mais eficiente que existe.

Para que o leitor possa identificar este conceito facilmente, basta recordar a subida de um caminho inclinado com uma bicicleta. Se for subir linearmente a inclinação, o esforço físico será grande, mas se subir fazendo curvas para a direita e para esquerda, apesar de o caminho ser mais longo, o esforço será menor.

Outro exemplo que pode mostrar este fenômeno é quando se utiliza o brinquedo chamado carrinho de rolimã, que é constituído de um rolamento dianteiro e dois rolamentos traseiros. Para poder sair da inércia em um terreno plano, bastava deslocar o eixo para direita e para a esquerda várias vezes, que o brinquedo saía do lugar (inércia) e aumentava a sua velocidade quanto mais fosse realizado estes movimentos.

Nestes dois exemplos do cotidiano, podemos observar que ligando uma linha em cada ponto dos movimentos encontraremos o modelo ondular, ou seja, percorrendo um caminho similar ao quantum de energia em uma onda.

Observando o nosso sistema solar, podemos observar o movimento de translação da Terra em torno do sol, assim como o movimento dos outros astros componentes deste sistema.

Há um movimento de rotação da Terra sobre seu próprio eixo e ao mesmo tempo, a Terra circula por força gravitacional, o sol.

O detalhe é que todo este sistema se desloca no universo, e simulando estes movimentos, pode-se simular graficamente o modelo de uma espiral formada pelos planetas acompanhando o sol.

Se pontuarmos somente a Terra, podemos simular o seu movimento como uma onda em um modelo espiral, ou volumétrico. Desta forma, teremos a onda em uma Terceira Dimensão.

Trazendo este princípio para o átomo, os elétrons que circulam o núcleo, se comportam como os planetas ao redor do sol.

Quando se inicia a desintegração atômica, em que há a perda de elétrons, podemos deduzir que estes elétrons devem manter o seu movimento na forma de onda espiral, pois ao saírem do campo de atração do núcleo, a tendência é que esta atração sofra diminuição entre o núcleo e o elétron durante o seu afastamento.

Neste caso, apesar de a ciência ter suas dúvidas, estes elétrons quando saem naturalmente por força centrífuga, mantém seu curso como uma onda espiralada.

O que reforça esta hipótese é um fator muito importante; o movimento circular, ou a curva, é o caminho natural que consome a menor quantidade de energia para sua locomoção.

"Observe o Macro e entenderá o Micro, e observe o Micro e entenderá o Macro".

Se olharmos para as maiores construções do universo, podemos observar que o princípio de construção se repete. Tudo é construído com tijolos atômicos. Assim, devem utilizar os mesmos princípios do átomo em seu comportamento.

Olhando para o microcosmo, apesar de a Física Quântica ser desconcertante em vários aspectos, podemos avaliar que há uma repetição na construção destas estruturas.

A velocidade é um dos grandes impedimentos para uma avaliação mais profunda destas estruturas.

É do conhecimento científico que a solidez não passa de uma manifestação sensória da velocidade dos elétrons em torno do núcleo atômico, e por sua vez, a rotação das partículas internas do núcleo atômico, como os Quarks, por exemplo, também geram estas características de solidez no próton e no nêutron.

Isolando apenas estas três partículas, elétron, próton e nêutron, seria dedutível que estas partículas <u>devem ser resultantes de partes ainda menores utilizando o mesmo princípio circular.</u>

O bóson de Higgs, tão conhecido pela ciência e pelo público, teve a sua constatação nos últimos tempos no Grande Colisor de Hádrons.

Segundo esta constatação, o Campo de Higgs interage com partículas gerando massa.

Sem entrar em maiores detalhes, pois o intuito é a busca de como isso acontece, podemos deduzir que há um processo natural que possibilita a concentração de energias na forma de massa.

Há um modelo ou princípio que promove a concentração do quantum de energia (onda) na forma de partícula. Observando o universo micro e o macro, só pode ser um tipo de movimento para esta finalidade; <u>a Concentração Dinâmica através de vórtice por Força Centrípeta</u>.

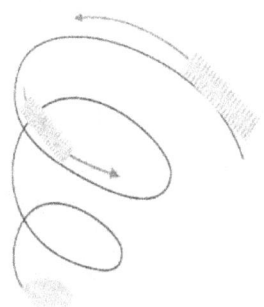

Se a energia se transmite na forma de onda, e a onda é similar a uma linha (ondulada ou espiralada), a forma mais fácil e racional de empacotar ou concentrar este tipo de manifestação em um menor volume é a Concentração Dinâmica. Similar a enrolar uma bola de lã.

Como estamos falando de movimento, este movimento de concentração resulta num movimento circular, e é este movimento em altíssima velocidade que gera estabilidade na forma de solidez da partícula.

É o movimento de uma quantidade de energia girando sobre seu próprio eixo em altíssima velocidade.

Com este processo, a partícula seria similar a uma cebola, ou seja, composta por camadas contínuas de ondas enroladas sobre seu próprio eixo.

Voltando ao início deste capítulo, quando este equilíbrio que promove o estado de solidez é quebrado por ataques de outras partículas ou altas energias em colisores, ou por fissão nuclear, temos o espalhamento de ondas de energias e partículas menores resultantes desta quebra. Isto mostra o caminho de retorno representado pela fórmula de Einstein.

Em vários exercícios mentais ou racionais, o autor não encontrou outra possibilidade de se concentrar energias no formato de partículas. E somente com as altíssimas velocidades que este processo é possível.

Estamos falando de processos naturais, sem a interferência humana.

Se forem observados os tornados terrestres, é possível comparar o seu comportamento, onde a velocidade do ar na forma de vórtice, adquire o aspecto de solidez, e ao mesmo tempo atrai para si em processo de arraste, o ar e massas a sua volta.

É uma fonte natural observável de concentração de energias.

Naturalmente, existem condições e fenômenos no campo quântico que desconhecemos, e que promovem este tipo de comportamento.

Pela lógica, para que uma massa atraia outra massa, ou energia, é obrigatório que esta massa ou energia gere uma situação de ida e volta, desta forma, seria como um laço que é *arremessado e puxa para si o corpo ou energia laçado. **Num exercício mental, não pode ser outro tipo de manifestação, e pelo comportamento no mundo quântico, o único processo mecânico ou eletrônico, se assim podemos definir, seria a emissão e retorno da onda. Somente neste tipo de manifestação pode haver a ligação de unidades distintas. Se não fosse desta forma, seria mágica, e mágica não existe na física e nem na química.***

Mecânica do Magnetismo

Com este descritivo, poderemos entender também como ocorrem os fenômenos de atração e repulsão, ou seja, o (-) e o (+).

Vórtice de concentração gera a atração pelo modelo de vórtice atraindo para si energias ou numa escala maior, massas.

Vórtice de expansão gera a repulsão, sendo na escala energética ou em escala maior, massa.

*Com essas duas expressões, pode-se entender o porquê o negativo atrai o positivo, ou o oposto, e porquê cargas iguais se repelem. Os movimentos para que ocorra a atração têm que ser **movimentos complementares.***

Na figura temos três situações, duas gerando repulsão por serem a aproximação de duas posições de expansão e duas de concentração. Na terceira situação, o movimento de concentração se completa com o movimento de expansão. Este tipo de fenômeno pode ocorrer a nível nuclear, orbital e além em outros tipos de manifestações onde se repita as três condições exemplificadas. Se colocarmos dois ventiladores soprando um contra o outro, repulsão, mas um soprando e o outro em movimento de exaustão, atração.

Importante notar, que o modelo de movimento na forma de vórtices, é o que determina muito dos comportamentos dos fenômenos físicos e até químicos que existem na natureza.

15

Movimentos Magnéticos Propostos

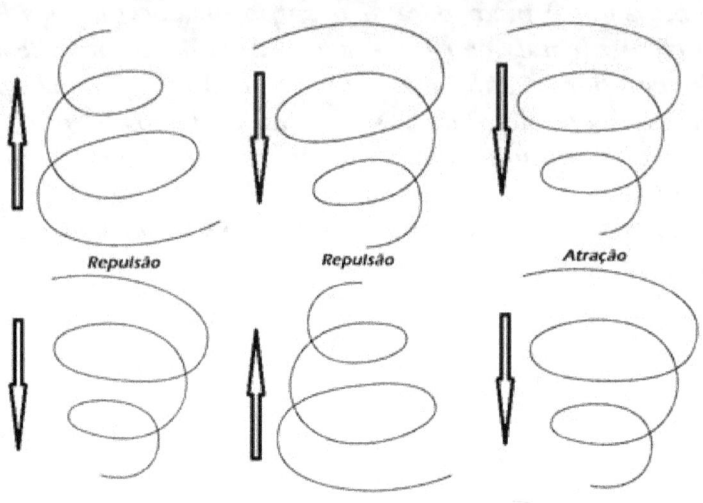

Nota:

Texto e figura extraídos da obra "A Reconstrução do Universo" do autor.

Este processo é importante para mostrar o como ocorre o mecanismo da "nuvem magnética" que liga o núcleo atômico ao elétron.

O mesmo processo pode mostrar o como se gera as cargas (+) e (-) nas partículas.

Capítulo II

Velocidade Vibratória da Onda

Assim, como no exemplo do brinquedo carrinho de rolamento ou rolimã, quanto mais energia eu der aos movimentos de ir para a direita e para a esquerda, mais velocidade eu vou impor ao brinquedo, fazendo um paralelo, quanto mais energia eu colocar no átomo, molécula, mais excitação haverá nestes corpos, desta forma, haverá maior vibração nos átomos ou nas ondas que compõem as partículas e o núcleo atômico.

É sabido pela ciência que quanto mais energia ou vibração tem uma onda, suas lombadas são mais pontiagudas e a onda é mais curta no seu comprimento e com maior velocidade.

Por outro lado, quanto mais longa é a onda, menor é a sua vibração e velocidade.

Em suas particularidades, cada tipo de onda tem o seu quantum de energia, seu modelo, seu comprimento, nível vibratório e comportamento.

Acompanhando o raciocínio deste tratado, por dedução, toda a matéria é constituída de ondas concentradas em processo de estabilização ou sensação de solidez, fruto da velocidade.

Quando se insere energia na matéria, esta energia de alguma forma complementa a estrutura do átomo que é composta por partículas. Quando se retira a fonte de energia externa, a tendência natural é a energia inserida se dissipar através de radiações caloríficas e outras. Desta forma, o corpo volta ao seu equilíbrio inicial.

Isto é fato.

A pergunta é:

- Como esta energia inserida na forma de calor, por exemplo, atuará na intimidade da matéria a fim de excitá-la?

Na minha opinião, baseada nas informações descritas, estas ondas caloríficas citadas na pergunta, devem participar temporariamente das partículas enrolando-se nas partículas aumentando o nível vibratório e a velocidade do conjunto. Assim como na nuvem magnética entre os elétrons e o núcleo, caso tenha mais de um elétron. Em outras palavras, há um desequilíbrio do corpo em relação a sua estabilidade referente ao seu ambiente normal de temperatura e pressão.

Cessando o incremento de energia externa, estas ondas extras impostas ao conjunto, se desenrolam e saem das partículas deixando-as às suas condições normais de estabilidade. O mesmo acontecendo com as ondas participantes da nuvem magnética entre os elétrons e o núcleo atômico.

Este foi um processo de aquecimento por fonte externa nas condições normais de temperatura e pressão.

Mas existe outra forma de excitar o corpo dando-lhe maior movimento e aumentando a vibração das ondas que compõe o edifício atômico; o aumento de pressão do sistema onde o corpo se encontra, e neste caso, podemos utilizar o elemento químico na forma gasosa, como o Hidrogênio, por exemplo.

Neste processo é perceptível o aumento de temperatura do sistema, e se manter o conjunto neste aumento de pressão, com o tempo a temperatura tenderá a se dissipar trocando calor com os átomos que compõem o sistema de pressurização para o equilíbrio com o meio externo do sistema.

A pergunta que fica:

- Em que forma estavam estas ondas caloríficas geradas pelo aumento de pressão?

Pela lógica, estas ondas só poderiam fazer parte das partículas que constituem os átomos, nuvem magnética e ondas que fazem parte do Campo de Higgs, ou seja, as energias que pertencem ao Vácuo Quântico.

Em uma analogia, se houve perda de energia calorífica do sistema (conjunto de átomos de Hidrogênio contido no sistema). Não desprezando a possível perda de energia do material que constitui o sistema, podemos deduzir que houve uma perda de massa do

Hidrogênio. Portanto, estes átomos de Hidrogênio são, mesmo que minimamente, diferentes dos átomos quando inseridos antes do aumento de pressão e perda de energia.

Este fenômeno pode corroborar com a hipótese do processo de concentração dinâmica de energia para a formação da partícula (formação da matéria).

Podemos comparar esta premissa com o fenômeno da emissão de luz quando o elétron volta a sua órbita normal após perder energia que lhe foi inserida.

Em outras palavras, a onda de luz estava participando da partícula eletrônica, ou seja, participava enrolando-se no elétron e com isso aumentando seu potencial impelindo-o ao um novo nível orbital. E a inserção de energia também aumenta a nuvem magnética entre o núcleo e o elétron. Com isso, aumentando o volume atômico vibratoriamente e por dedução, aumentando minimamente a massa do átomo.

Este processo de aumento de excitação da onda e aumento de sua massa, mesmo que quase imperceptível, é essencial para entendimento da proposta deste tratado.

Uma hipótese importante deste capítulo, é que numa condição imaginária, para que ocorra a saída da inércia de um quantum de energia, esta energia tem que iniciar seus movimentos primeiro para as laterais, ou seja, para direita e para a esquerda, por exemplo, e também através do movimento ondulatório fruto de partículas orbitando algum sistema, e como descrito este aumento vibratório é determinante para o deslocamento linear da energia na forma de onda.

Em outras palavras, primeiro os movimentos para os lados ou rotacional, para após seguir em frente.

Sergio Antonio Meneghetti

Capítulo **III**

Caminho Oposto

Sendo a onda a base das partículas e estas sendo os tijolos primordiais da matéria (átomo), é natural que esta construção siga o caminho oposto da concentração dinâmica da energia, ou seja, agora o processo é de expansão do sistema.

Como na construção de um edifício, as partes têm que suprir algo muito importante para manter a estrutura em pé; o equilíbrio das partes no conjunto.

No mundo subatômico as partículas e a argamassa que mantêm este equilíbrio trabalham em harmonia para esta sustentação. Em outras palavras, os movimentos circulatórios das partículas são ancorados ao sistema principal por nuvens de energias e estas nuvens são resultantes do movimento das partículas.

Para que ocorra uma interação entre partículas deve ter algo que faça a ligação (atração ou repulsão) entre elas.

Sendo mais profundo neste aspecto, por dedução, somente os movimentos na forma de vórtices podem promover estes dois fenômenos de atração ou repulsão. Como explicado no capítulo anterior.

Como o movimento é a base destas construções, seria lógico que, à medida que uma nova peça é colocada na construção do futuro edifício atômico, outra parte tem que compensar esta peça. Assim, temos desequilíbrios sendo compensados para se atingir novos equilíbrios.

A ciência está ciente da complexidade das partículas constituintes do núcleo atômico, e neste caso quero pontuar o Nêutron como objeto de estudo.

Pelas próprias características que dá nome a esta partícula, a sua neutralidade de cargas é o exemplo de equilíbrio entre outras partículas conhecidas, diferenciando assim do Próton e do Elétron, por exemplo.

Com certeza, um Nêutron contém muitos mistérios a serem descortinados e o mesmo acontece com a quantidade de elementos que constituem a sua estrutura e o complicado comportamento destas partes.

Por dedução e lógica, para que um sistema tome a característica de volume, e no caso desta partícula, o modelo esférico, algo tem que produzir esta característica, e podemos imaginar ou deduzir, que este é produto do movimento circular, semelhante ao elétron ao redor do núcleo.

As altíssimas velocidades das partículas constituintes do edifício nuclear, assim como as dimensões ínfimas destas peças, dificultam a visão real do conjunto, principalmente porque os estudos nesta área têm que ser por processo destrutivo, ou seja, colisões de outras partículas com variações de energias.

Como foi citado no início, a partícula só pode ser gerada com a concentração na forma centrípeta por ondas, desta forma, uma partícula se comporta similar a uma cebola, sendo uma construção feita por camadas sobrepostas de ondas, similar ao novelo de lã. Com este comportamento, quando se utilizam choques de partículas contra outras partículas, provavelmente há quebra de parte destas camadas gerando pedaços de partículas as mais variadas, e ondas de energia, ou se a energia empregada for forte o suficiente, o rompimento total desta estrutura gera somente ondas de energia.

Enquanto este for o único processo instrumental para verificar o mecanismo nuclear profundo, muitas informações podem ser distorcidas devido à destruição do mecanismo de equilíbrio do sistema.

Assim como a incerteza de onde o elétron se encontra no orbital atômico, o mesmo ocorre nas partículas no interior do núcleo.

Como a ciência pôde verificar, ainda há muito que entender e descobrir sobre a intimidade quântica e seu comportamento.

Resumindo o capítulo, o caminho oposto de abertura ou construção do átomo é fascinante e podemos até comparar este comportamento a de uma semente vegetal, onde toda a sua futura forma está contida, apenas aguardando as condições e nutrientes para se desenvolver. No caso do átomo, os nutrientes são ondas de energias.

No caso específico do Nêutron, este também teve que ser construído e alimentado por energias como primeiro termo.

Naturalmente, o Nêutron e o Próton podem ser estruturas planetárias similares ao átomo.

Capítulo IV

Nascimento do Hidrogênio

Sabemos que o Hidrogênio, como primeiro e mais simples elemento da tabela periódica, é composto por um Próton como núcleo e um Elétron como partícula orbital.

É sabido que o Próton tem carga positiva (+) e que o Elétron possui carga negativa (-). Devido ao equilíbrio dessas duas cargas (+) e (-), o sistema planetário se mantém coeso. Um compensa o outro e isso gera a estabilidade deste elemento.

No caso do Hidrogênio, existem dois isótopos, o Deutério e o Trítio.

Hidrogênio

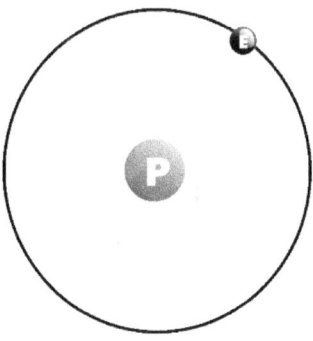

O Deutério é composto de um Próton, um Nêutron e um Elétron.

Deutério

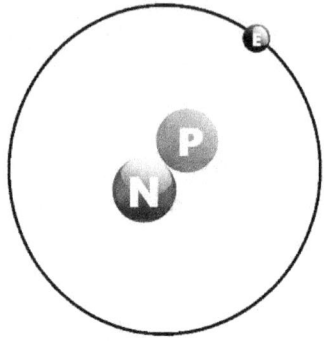

O Trítio é composto de um Próton e dois Nêutron.

Trítio

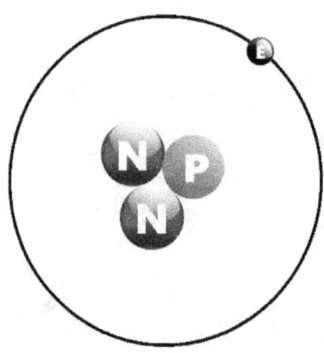

Apesar de o Deutério ter um Nêutron, o equilíbrio do átomo ou isótopo do Hidrogênio se mantém. Somente aumenta a massa do sistema e a menor quantidade na natureza.

No caso do Trítio, com dois Nêutrons, o equilíbrio é mantido, porém tendendo ao desequilíbrio devido a mais um Nêutron. Similar ao Deutério, há um aumento de massa e é mais raro na natureza. Esse processo segue a natureza do crescimento: um desequilíbrio que é compensado para um novo equilíbrio.

A estrutura de um Nêutron, neutra, parece não ter nada em comum com a do Hidrogênio, já que este é composto por duas partículas de cargas distintas, mas é justamente este o ponto crucial. Aqui, insere-se uma hipótese muito importante, a de que o crescimento ou expansão do Nêutron emitirá uma partícula que será vital para o nascimento do átomo.

Pode-se imaginar que, por sua altíssima velocidade no interior do Nêutron, alguma pequena partícula possa escapar ficando ainda, contudo, presa pela ao sistema por atração das cargas (+) e (-).

Emissão de um elétron de dentro do Nêutron.

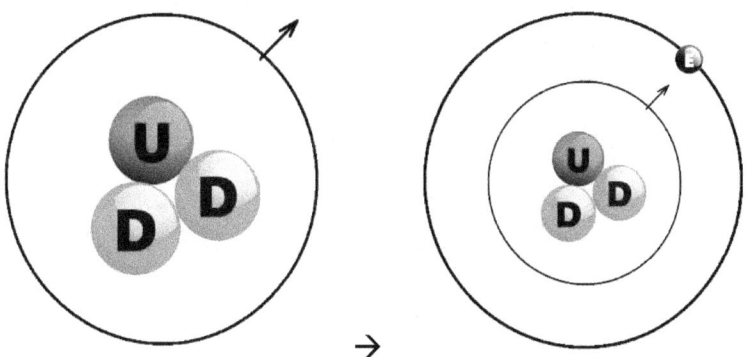

→

Transmutação do Nêutron para Próton.

Nêutron após emissão = Formação do Próton

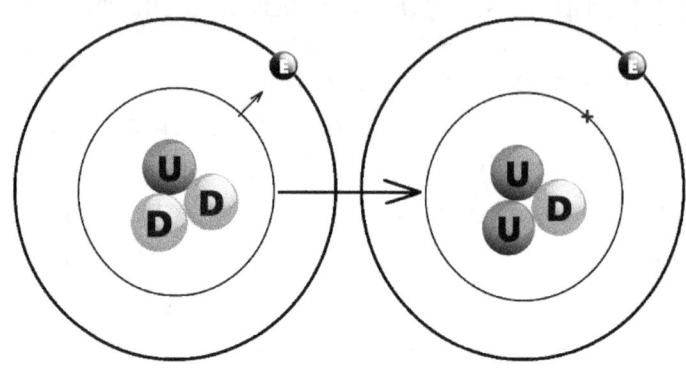

Nesta transição, é observado que um Quark Down se transforma em um Quark Up.

Esta mudança já é observada em decaimento atômico.

Esse processo pode acontecer com o desequilíbrio de forças do interior do Nêutron que, ao perder uma partícula com carga negativa, altera a sua condição de neutralidade para positividade, ou seja, de Nêutron para Próton. Dessa forma, gera-se o Hidrogênio.

Hidrogênio

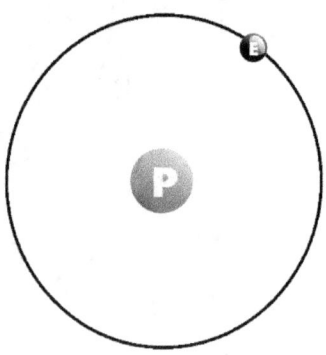

- Como isso pode acontecer?

Todo sistema que absorve energia tende a ganhar velocidade e aumento de volume. Isso também acontece com o átomo.

Se esse fenômeno ocorrer com o Nêutron, isso pode possibilitar o aumento de velocidade da partícula que virá a ser o Elétron.

Esse processo pode acontecer com o aumento da velocidade no interior do Nêutron, gerando uma Força Centrífuga maior sobre essa partícula, o suficiente para ela romper as forças coesivas internas do edifício que compõem o Nêutron.

Numa primeira análise, parece ser uma proposta absurda, mas estudando os Isótopos Deutério e Trítio, as peças se encaixam.

Seria um comparativo entre o átomo e uma semente vegetal.

Esse paralelo deixa claro a que o átomo nasce, cresce e morre – um processo natural, para além da fusão nuclear.

Aos elementos químicos naturais também cabem algumas analogias ao desenvolvimento de processos naturais. Como a expansão e o crescimento da infância, a potência da juventude, o equilíbrio e moderação da meia idade e a estagnação da velhice. Esse processo ocorre nos objetos, no sistema solar, galáxias e no Universo. Há o nascimento, crescimento e morte – a morte, é claro, bem como os demais processos, é transitória e não significa a extinção da substância.

- Por que no átomo não pode acontecer o mesmo processo?

A adição de peças ao quebra-cabeça deixa a viabilidade da teoria mais clara.

Nesta figura, temos o Hidrogênio, o Deutério e o Trítio.

Hidrogênio   Deutério   Trítio

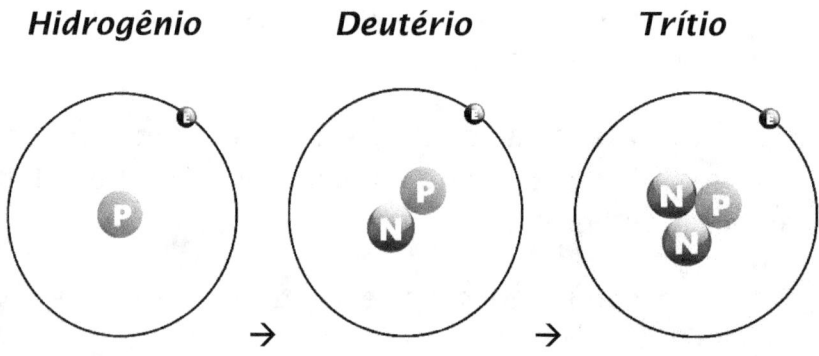

Cada um dos três têm, evidentemente, um Próton. O número de Nêutrons, contudo, varia: nenhum no Hidrogênio, um do Deutério e dois no Trítio.

Pode-se deduzir, em analogia ao que até aqui foi proposto, que o Trítio tem potencial de liberar um Elétron de um de seus Nêutrons, dado que, com a pouca neutralidade do sistema, haverá maior equilíbrio se o número de Elétrons se parear ao de Prótons.

O Trítio é, praticamente, um Hélio-3 em potencial, bastando apenas a emissão do Elétron por um dos Nêutrons. Veja a figura a seguir:

Trítio Emissão de Elétron Hélio-3

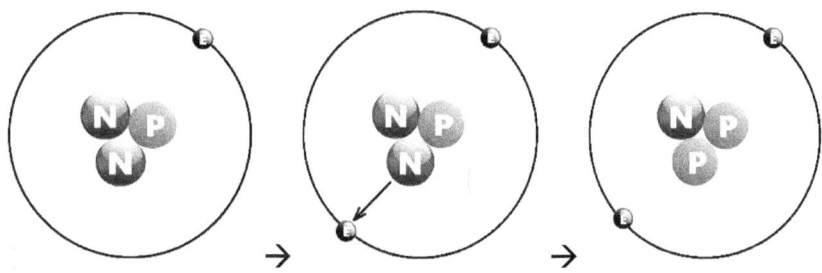

A possibilidade de um núcleo gerar ou capturar um Nêutron permite à física e à química reconstruir as suas teorias do desenvolvimento do átomo, de seu crescimento de dentro para fora.

A partir do momento que for gerado um novo Nêutron neste Hélio-3, ele poderá se equilibrar como o elemento Hélio da tabela periódica.

Hélio-3   Hélio

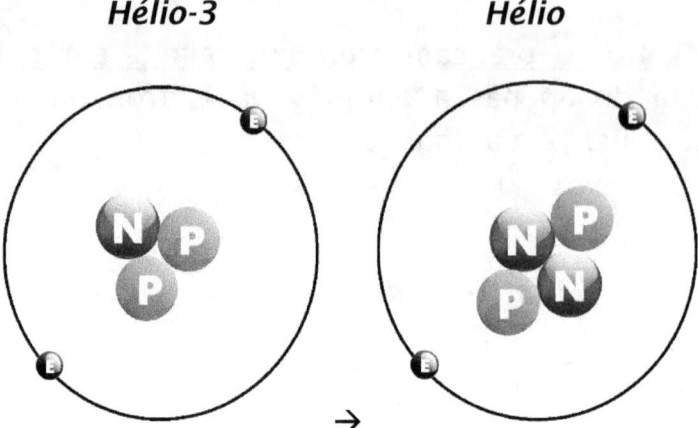

$\rightarrow$

Transmutação do Hidrogênio para Hélio:

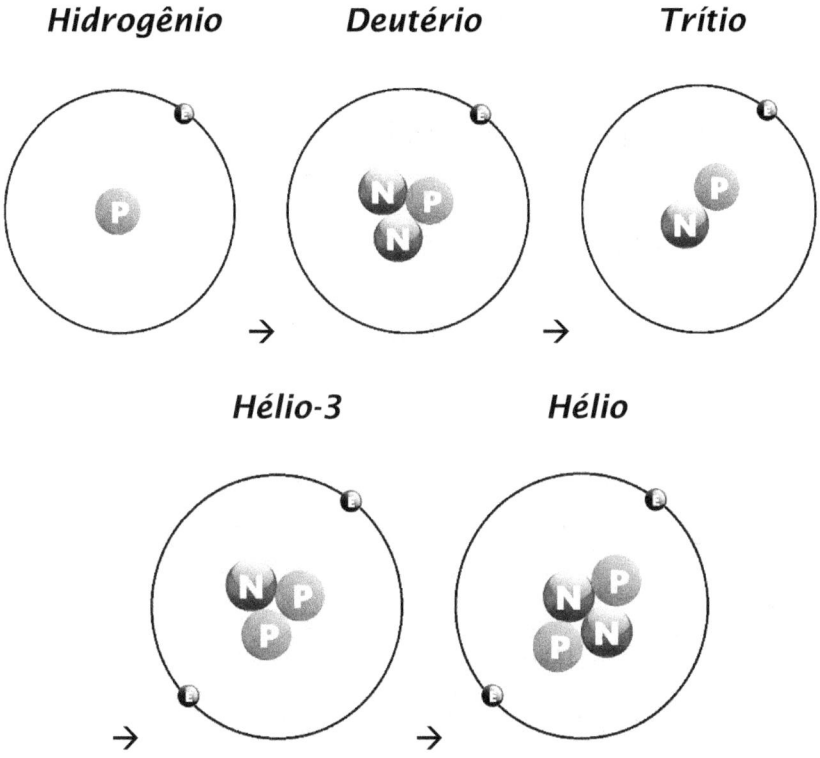

Essas propostas estão simplificadas para o entendimento mais fácil. Naturalmente, existem muitas questões, como por exemplo:

- Como surgem os Nêutrons neste processo?

- Quanto tempo leva este processo?

Há uma evidência importante da possibilidade de o Nêutron emitir um elétron: as massas do Nêutron, do Próton e do Elétron. Basta observar.

Partícula	Massa	Carga
Nêutron	$1,675 \times 10^{-27}$ kg	Zero
Próton	$1,673 \times 10^{-27}$ kg	$1,6 \times 10^{-19}$ C
Elétron	$9,109 \times 10^{-31}$ kg	$1,6 \times 10^{-19}$ C

(Massa em Kg)
Próton =
0,00000000000000000000000000001673 **(A)**

Elétron =
0,0000000000000000000000000000009109 **(B)**

Soma =
0,00000000000000000000000000001 6739109 **(A + B = D)**

Nêutron =
0,00000000000000000000000000001675 **(C)**

Massa do Nêutron C – (soma da massa do Próton A + massa do Elétron B)0,00000000000000000000000000001675 -
0,00000000000000000000000000001 6739109 =
0,0000000000000000000000000000010891 **(diferença de massa E)**

0,0000000000000000000000000000009109 (massa do Elétron **B**)

0,0000000000000000000000000000001782 (massa **E** – massa **B** = massa **F**)

0,0000000000000000000000000000010891 /
0,0000000000000000000000000000009109 =
1,19563 (G) = (massa E / massa B) = Fator entre massa E e massa B)

Nota:
•A massa do Elétron está na mesma escala que a diferença entre as massas do Nêutron e do Próton.
•A diferença entre as massas do Nêutron e Próton é equivalente a pouco mais do que a massa de dois Elétrons.
•Ao se subtrair a massa do Elétron da diferença entre as massas do Próton e do Nêutron, ainda resta o equivalente a cerca de 120% da massa do Elétron.
•A massa resultante, subtraindo as três partículas **(E)**, provavelmente está na forma de campo de energia, ou possível perda de parte desta massa para o meio externo do sistema nuclear.
•A massa **(E)** pode explicar o que liga dois Elétrons quando ocorre o <u>Emaranhamento Quântico.</u>

Observe que o Nêutron tem a massa levemente maior que o Próton e que a massa do Elétron é muito menor em relação ao Nêutron e Próton.

A hipótese é que a pequena diferença entre as massas do Próton e do Nêutron pode justificar a transição.

A hipótese é que o que resta da diferença entre um Nêutron e um Próton, depois de subtraído um Elétron, faça parte de uma nuvem energética que faz a ligação entre Prótons e Elétrons, permeando-lhes, e, talvez, a perda de mais uma partícula.

Essa hipótese também está baseada na possibilidade de as energias ligantes atuarem na forma de vórtices.

Por dedução lógica, existe um mecanismo que faz a intermediação entre uma carga (+) e uma carga (-) e o processo mais provável natural seria o sentido rotacional do vórtice.

Segue a ilustração da proposta da realidade atômica:

Hidrogênio

Deutério

Trítio

Hélio-3

Hélio

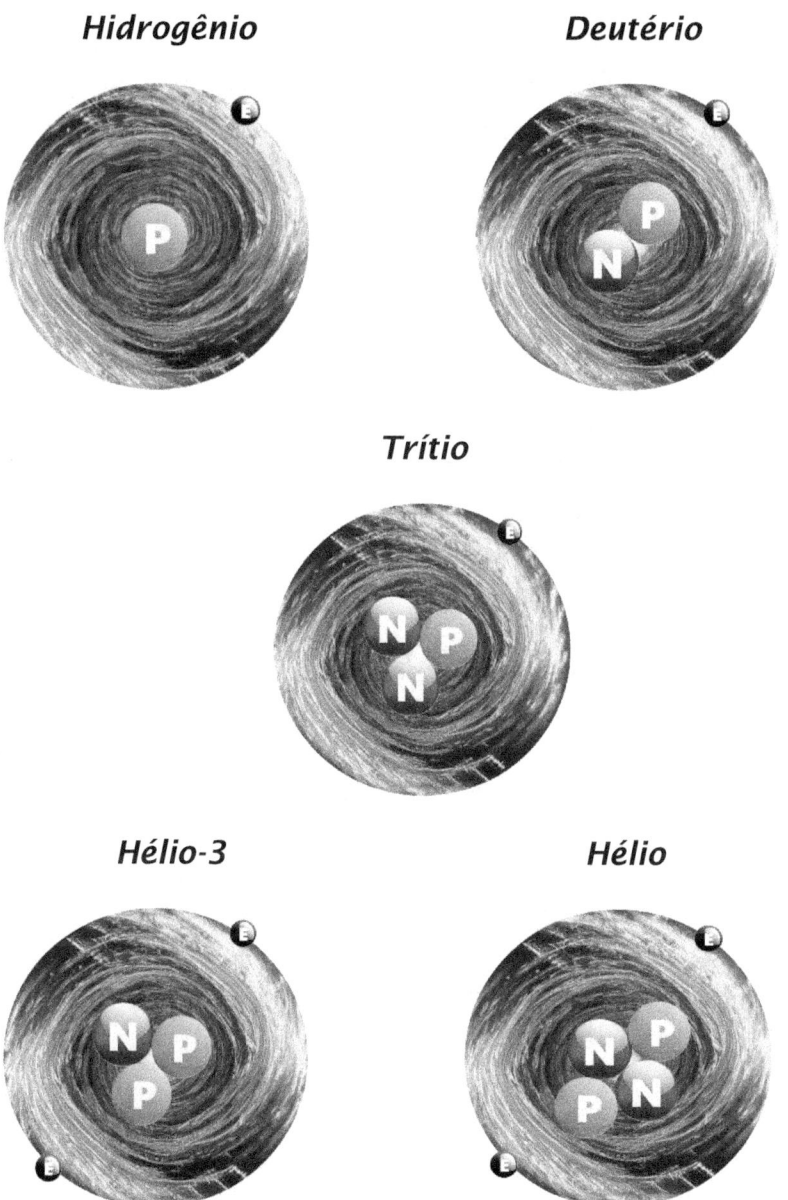

Se o elétron que irá ser emitido para formar o Hidrogênio está contido no Nêutron, com certeza ele está orbitando o sistema desta partícula composta. Ao sair do sistema, como proposto, seria lógico que o faria em espiral, acompanhando a esfera e, ao mesmo tempo, se afastando da partícula Nêutron. Assim, o movimento de saída desse elétron formará um pequeno tornado. Esse vórtice será o ponto inicial do Nêutron para se tornar Próton e a órbita do elétron será seu final. Na região entre o núcleo e o elétron, se formará uma nuvem eletrônica, o elo entre ambos.

Esse é o início da abertura atômica que culminará com o elemento Urânio, onde a Força Centrífuga dos elétrons da última camada promoverá o escape desses elétrons do sistema pela instabilidade do edifício atômico.

O átomo é constituído por um conjunto de vórtices eletrônicos que se equilibram e que podem se complementarem em reações químicas, formando estruturas mais complexas e funcionais.

O Nêutron tem dois Quarks Down e um Up, enquanto o Próton tem dois Quarks Up e um Down.

A hipótese é que, quando sai um elétron de dentro do Nêutron, um dos Quarks Down muda de posição para um Quark Up e, por dedução lógica, esse elétron deve estar diretamente associado aos Quarks por diferença de carga.

Capítulo V

Pausa para Esclarecimentos

Este tratado foi construído através da razão analítica, mostrando os passos através da lógica as hipóteses que podem mudar os conceitos da base da física atômica.

O que está em jogo neste trabalho, não é apenas uma proposta de um novo modelo de como ocorre a formação da matéria, mas a importância de esse processo ser viável e conferir ao planeta a possibilidade de sintetizar o elemento Hélio, que sendo finito, pode comprometer o futuro das altas tecnologias atuais e as que virão.

Não é um trabalho para curto espaço de tempo, mas é imperioso iniciar os estudos o quanto antes.

Quem atua nas áreas das pesquisas, medicina, aeroespacial, computação e outras tecnologias, sabe da importância deste elemento.

Durante o crescimento do Hidrogênio até se obter o elemento Hélio, temos isótopos importantes como o Hélio-3 e a sua utilização nos futuros reatores de Fusão Nuclear. Tecnologia importante para se obter energia limpa e sustentável.

Este assunto faz parte de outra obra do autor "A Reconstrução do Universo", e devido ao Hélio e Hélio-3

41

terem grande importância neste contexto, comecei a imaginar como poderia acontecer esta transmutação atômica com baixa energia, ou seja, como ela acontece na natureza.

Sobre o crescimento do átomo através de emissão de elétrons do núcleo atômico, não é ideia da minha cabeça, mas este e outros assuntos profundos estão registrados na obra "A Grande Síntese" de Pietro Ubaldi (1931 - 1935).

Entre outros assuntos estão a formação da matéria por concentração dinâmica, origem da gravitação e outros assuntos revolucionários. Desta forma, muito do que apresento, eu aprendi estudando durante mais de 30 anos.

O detalhe da obra citada, é que ela foi escrita por processo Intuitivo, ou seja, uma mente muito evoluída transmitiu as informações via processo psíquico ao receptor Pietro Ubaldi.

Como o próprio nome da obra diz, é uma Síntese profunda, mas que não esclarece todos os detalhes, ficando assim, espaço para estudos, deduções, percepções psíquicas e análises.

É muito importante ler e aprender sobre certos assuntos fascinantes, mas quando você vê, entende ou percebe o assunto, aí a experiência é fantástica, pois existe a confirmação da veracidade do assunto, ou podemos dizer, da essência dos fenômenos que a ciência laboriosamente pesquisa.

De outubro de 2023 para cá, eu tenho imaginado como descrever o processo físico da transmutação, mas eu confesso que não sabia como isso acontecia.

No íntimo, eu tinha a intuição que eu descobriria qual seria este caminho de como acontece na intimidade do átomo este crescimento.

No dia 19 de dezembro de 2023, eu tive a grata experiência intuitiva de como acontece esse mecanismo, a informação neste caso veio rápida e surpreendente, pois estava fora das minhas deduções analíticas enquanto observava os cinco átomos apresentados acima.

A informação veio na forma de pensamento (pode utilizar o termo Insight neste caso) que o elétron que orbita o hidrogênio provinha do Nêutron, e após esta informação, fui verificar rapidamente a comparação dos elementos Hidrogênio, Deutério e Trítio. A ideia começou a fazer sentido e logo em seguida, comparei com o Hélio-3 e com o Hélio. Para a minha alegria, a ideia se encaixava certinho como peças em um quebra cabeça.

A emoção foi tão grande que chorei de felicidade. Ali estava a chave para as minhas questões. E, apesar de parecer absurda a ideia quando olhamos pela primeira vez, graças a Intuição e o trabalho analítico, faz todo o sentido.

Para quem não me conhece, sou intuitivo desde garoto e pesquiso o assunto há quase quarenta anos. Publiquei quatro obras sobre este assunto.

Uma característica pessoal, é que a minha mente viaja nas ideias, mas a minha memória deixa muito a desejar.

Continuando sobre o tratado, eu deduzi que se o elétron sai do Nêutron e se transforma em Próton, naturalmente haveria uma perda de massa. Fui na internet pesquisar, e realmente a diferença é mínima, mas sustenta a ideia inicial.

Percebi também através dos registros que o elétron tem uma massa muito pequena, mas que esta diferença pode ser compensada com o campo de energia gerado pela emissão, ou seja, o que acontece entre cargas diferentes que as mantém em equilíbrio.

Tão importante quanto o resultado desta experiência intuitiva, ou seja, uma descoberta científica, o processo de pesquisa se torna muito importante também, pois poderá abrir muitas oportunidades no meio científico.

Se o leitor não conhece, ou conhece pouco sobre a Intuição, vou fazer alguns comparativos para fortalecer o proposto neste livro.

A grande maioria da civilização trabalha com a consciência para o seu progresso pessoal e intelectual, assim, no caso da ciência, estas regras são as balizas para pesquisar, testar, deduzir e avaliar os resultados.

Neste trabalho, até este capítulo, eu utilizei este processo analítico construindo a ideia empiricamente para poder explicar a possibilidade do mecanismo exposto. Em outras palavras, seria a observação das informações, análise das possibilidades, testes, comparações e outras ferramentas a serem utilizadas para se chegar ao produto.

Em uma analogia para efeito comparativo, imagine se não conhecêssemos um automóvel.

Pelos métodos utilizados tradicionalmente (Razão e Análise = Consciência), eu veria as peças deste automóvel de dentro para fora, mediria, pesaria, contaria, testaria suas propriedades e tentaria deduzir como é, e como funciona este automóvel. Similar como se estuda o universo.

Pelo método intuitivo sintético, (Intuição = Superconsciência), eu veria o automóvel por inteiro de fora para dentro, e entenderia o seu mecanismo de funcionamento de forma rápida e direta, após, desenvolveria as peças para compor este carro.

Uma das grandes vantagens da intuição, é a visão direta da essência das coisas, desta forma, o que se vê é a realidade.

Não estamos falando de mágica ou coisa parecida, estamos falando da capacidade psíquica da futura civilização.

Com o método racional e analítico, o aprendizado é de fora para dentro, portanto, aprendemos com o passado. Neste caso demanda tempo.

No caso do método intuitivo sintético, o aprendizado é de dentro para fora, desta forma, temos o conhecimento do inédito, ou do futuro. Aqui o processo é rápido.

Se prestarem atenção em algumas frases de Einstein, ele se refere muito à utilização desta capacidade psíquica pessoal.

Como a Intuição mostra ou traz informações inéditas, com a minha experiência pessoal sobre o assunto deste livro, tenho convicção na realidade do que foi apresentado como hipótese.

Sempre relato que a Intuição é a grande ferramenta de pesquisa do futuro, e que ela está latente dentro do ser humano.

A ciência DEVE dar atenção a este assunto e o incorporar no campo científico. É o processo mais rápido, barato e sustentável de pesquisa que existe, e é ilimitado.

Se houvesse a mínima dúvida da minha parte, não exporia a ideia em um livro ou artigo científico.

Devo salientar, que o escopo do trabalho em questão, não é saber se o autor está certo ou errado, mas a utilização da essência das informações para o progresso da humanidade.

A Intuição é algo abstrato, e naturalmente é fonte de dúvidas de quem não a sente ou percebe. Para reforçar ao leitor e valorizar a possibilidade deste trabalho, deixarei registrado alguns casos pessoais onde a Intuição foi vital na conquista de objetivos como projetos automotivos, novas tecnologias, segurança pessoal e outros casos.

A maioria dos casos estão registrados no meu último livro sobre o assunto "A Intuição no Avanço da Ciência e Tecnologia".

Segurança

Caso 01- Eu trabalhei em uma empresa durante seis anos, durante os quais sempre em regime de revezamento, ou seja, trabalhando sete dias em cada horário que compreendia: manhã, tarde e noite.

No dia 24 de julho de 1982, quando iria iniciar o turno das 16 – 24h, por volta das 14h, durante o almoço, me veio um pensamento forte na minha mente, como se alguém falasse ao meu ouvido: - Fogo na fábrica!

Tal pensamento veio acompanhado por uma espécie de clarão, o que me deixou ansioso e preocupado e fui trabalhar naquela tarde com o coração inquieto.

Por volta das 17h ouvi um pequeno estouro, olhei para a parte externa do laboratório em que trabalhava e, na direção da área do processo de produção, constatei um vazamento na lateral de um filtro. Este vazamento lançava um jato contínuo de produto, porém sem perigo maior.

Este "pequeno problema" me trouxe um alívio ao coração pois imaginei que teria sido este o fenômeno resultante do que fui intuído momentos antes. Entretanto, por volta das 18h, ouvi outro estouro, acompanhado de um ruído contínuo, e saí novamente pela lateral do laboratório. Foi quando percebi uma grande chama na forma de um maçarico: era, finalmente, o fogo anunciado pela minha intuição durante o almoço, demonstrando, mais uma vez, o poder e o potencial de não somente estar atento a estes fenômenos, mas compreendê-los e saber analisá-los. Neste caso específico, a intuição foi importante porque me alertou para o perigo que viria.

Foram tomadas as ações de combate ao incêndio pelo grupo da empresa, do qual eu também fazia parte. Graças a Deus não houve vítimas, mas o fogo durou das 18 às 20h.

Gosto sempre de contar esse caso real e dizer que para este tipo de evento intuitivo não há controle. E que, apesar de não depender dar nossa vontade ser foco de tais intuições e mensagens, trabalhar de forma a aprimorar e refinar a nossa condição de sermos receptivos, isto está completamente em nossas mãos.

Conquistas

Caso 01 - A título de informação, eu trabalhei na área de desenvolvimento de produtos no ramo plástico, sendo as montadoras nacionais nossos maiores clientes.

No decorrer do ano 2000, a empresa tinha alguns projetos em andamento no sentido de fornecer três materiais novos, os quais destinavam-se a atender às necessidades de uma montadora japonesa. No intuito de facilitar o andamento do projeto, foi decidido importar tanto a matéria-prima quanto as formulações de uma empresa do grupo sediada no Japão.

Com as formulações e materiais nas mãos, começamos a produção piloto em nosso laboratório. Após finalizar a produção das amostras, houve o início do processo de caracterização das mesmas, o qual se mostra fundamental no sentido de verificar a qualidade dos produtos, revestindo-se de testes necessários para requisitos de especificação do cliente. Vale a observação: tais produtos já haviam sido produzidos com êxito no Japão utilizando as mesmas matérias-primas.

Entretanto, apesar de já o terem sido produzidos antes no Japão, foi observado que os produtos aqui no Brasil não atingiam as mesmas propriedades e, desta forma, seriam reprovados. Estes produtos teriam que ser testados no Japão.

Novas produções foram então realizadas e, novamente, sem êxito. Criou-se então uma questão: Seriam enviados para a verificação no Japão os produtos nestas condições ou não? Mas, devido ao curto tempo para fechar o projeto, foi decidido, à época, enviar assim mesmo.

Como já era sexta-feira, perguntei ao meu chefe imediato se eu poderia fazer alguma tentativa no sábado, tendo ele dado sinal verde, porém, sem acreditar muito no êxito devido às várias tentativas anteriores.

No dia seguinte lá estava eu para aquele desafio. Qual o primeiro passo a ser dado, já que intimamente eu pressentia que poderia conseguir? Mas o "como" eu ainda não sabia.

Na tranquilidade do setor, por ser final de semana, comecei a analisar o que tínhamos feito. Naturalmente não poderia ser o mesmo caminho a trilhar. Teria que ser algo novo.

Então comecei a fazer aquilo que faço quando algo está muito difícil e foge ao meu entendimento. Comecei a rezar, ou orar (como queiram definir este ato), e a pedir ajuda aos céus.

A possível chave do objetivo começou a se desenhar na minha mente, mostrando um "novo caminho". Agora restava fazer uma análise racional da intuição e pôr a coisa para acontecer.

Após uma análise sobre o assunto, iniciei o processo. Fiz as produções dos compostos e os preparei (injeção de corpos de prova) para testes na segunda-feira.

Finalmente chegou a segunda-feira. Iniciei os testes e, logo na primeira fase, a "23 graus Celsius", já foi possível observar uma grande melhora.

Coloquei o material para ser testado em baixa temperatura. O mesmo seria testado após as 14 horas.

Pouco antes das 14 horas, meu chefe imediato passou pelo laboratório e me questionou se eu havia trabalhado no sábado. Recebendo minha afirmativa, perguntou se já tinha algum teste pronto.

Apesar de ter a primeira fase positiva, esperei para completar todos os testes antes de anunciar qualquer resultado, tendo respondido negativamente a ele.

Novamente ele fez o comentário para mim e meu amigo que estava ao lado: - Sergio! - Eu entendo seu esforço, mas lamento te dizer que não vai dar certo.

Nada comentei, mas eu e meu amigo já sabíamos dos resultados positivos da primeira fase e, por experiência, provavelmente a próxima também seria positiva.

No momento determinado concluímos os testes. Como ansiosamente esperado, os resultados foram ótimos!

No dia seguinte foi só receber os parabéns da chefia. Vale salientar que: Muitas vitórias foram conseguidas graças à autonomia que nossos chefes nos davam, uma vez que, sem esta autonomia e apoio, seriam truncados e proibitivos muitos dos trabalhos vitoriosos que tivemos e alcançamos.

Resultado do trabalho: Foram refeitas as amostras, baseando-se na metodologia por mim utilizada, e enviadas ao Japão. Os resultados encontrados no país amigo foram melhores do que o esperado.

Após esta fase de testes chegou-se a outro dilema comercial: Os custos de produção eram muito próximos do preço dos materiais importados devido aos insumos serem importados. Feita reunião com o cliente, foi sugerida uma versão nacional que atendesse aos requisitos mínimos de especificação, mas com um custo menor e com insumos, na sua maioria, nacionais.

Baseado na nova tecnologia de processo obtida por meio do processo intuitivo, a equipe começou a desenvolver as novas versões e, em pouco tempo, conseguimos produtos com melhores propriedades, tendo atendido a todas as expectativas do cliente.

Resumindo: Concluímos o objetivo e começamos a vender os produtos. Estes novos produtos se destacaram no meio automobilístico, atraindo novos clientes.

Outro passo muito importante: foi realizada a transferência desta nova tecnologia/metodologia para todos os produtos com características similares, tendo obtido, desta forma, redução na utilização de matéria-prima importada, graças à melhoria das propriedades.

O que, à princípio era apenas uma necessidade no atendimento a um projeto, acabou se transformando num princípio de economia, deixando vários produtos da empresa com custos competitivos e gerando milhões em lucro ao longo do tempo.

Com esta nova tecnologia os materiais se tornaram cada vez mais "ecologicamente corretos" pois, melhores propriedades geram menor peso das peças e, como consequência, "menos consumo de combustível, menos desgastes e menos poluição".

Neste caso a intuição foi decisiva, tendo colaborado além do esperado, e encurtado pesquisas e testes; economizou dinheiro, tempo, mão de obra e matéria-prima; evitou formação de resíduos proveniente de testes e mostrou um novo caminho tecnológico.

Caso 02 – Após a tragédia do terremoto no Haiti, escrevi um artigo sobre o assunto, procurando mostrar alguns valores que merecem atenção. Ele teve grande repercussão na mídia de Pindamonhangaba, cidade onde resido.

Certa tarde, enquanto realizava alguns testes no trabalho, veio uma grande necessidade de enviar este artigo para fora do Brasil. Como eu estava trabalhando, procurei deixar de lado, mas a sensação se tornava cada vez mais forte e até incomodativa.

Fui até o computador, fiz uma tradução rápida via Google e enviei para o Departamento de Estado Americano. Houve a tradicional resposta automática agradecendo pela mensagem.

Voltei aos testes, o coração continuou com a mesma sensação.

Lembrei-me de ter visto algo sobre o blog do Barack Obama, quando então voltei ao computador e procurei o site da Casa Branca. Naveguei até chegar ao contato do presidente. Preenchi os requisitos, adicionei a tradução via Google e enviei. O site respondeu: "Excesso de caracteres". Diminui a quantidade de caracteres e enviei novamente. Retornou a mesma resposta. Diminui novamente o artigo e reenviei, quando então, neste momento, houve resposta positiva de agradecimento do envio.

Na Semana Santa, no início de Abril (02/04/2010), tive a visita de familiares em minha casa e, durante a manhã, fiz um comentário com minha irmã mais velha:

- Nilza! Enviei uma mensagem para a Casa Branca e a coisa está meio quieta! Acho que eles podem estar dando alguma atenção.

Naquela tarde, verificando meus e-mails, houve uma grande surpresa: Havia um e-mail de agradecimento (Thank you for your message), o qual abri, vendo que se tratava de uma mensagem presidencial de Barack Obama agradecendo pelo artigo.

Segue e-mail:

Thank you for your message

De: **The White House - Presidential Correspondence** (noreply-WHPC@whitehouse.gov)

⚠ Você pode não conhecer este remetente.Marcar como confiável|Marcar como lixo

Enviada:sexta-feira, 2 de abril de 2010 18:13:36

Para: sergio.xxxxxxxx@hotmail.com

Dear Friend:

Thank you for writing regarding the situation in Haiti. The
earthquake that struck Haiti on January 12
shocked the world. The
loss of life is heartbreaking, and the suffering and destruction are
devastating. The images of this tragedy remind us of our common
humanity and have invoked our Nation's enduring spirit of generosity
and compassion.

My Administration has responded with a swift, coordinated,
and aggressive relief effort, among the largest in our history. I
designated Dr. Rajiv Shah, Administrator of the United States Agency
for International Development, as our Government's unified disaster
coordinator. He is leading America's effort alongside the United
Nations, together with international aid and nongovernmental
organizations on the ground in Haiti. I have also enlisted the help of
Presidents Bush and Clinton, who have launched a major fundraising
effort for Haiti, and those who wish to help should visit:
ClintonBushHaitiFund.org.

With a pledge of our full support, I assured Haitian President
René Préval that America stands by the Haitian people. We must
meet their needs through sustained assistance to help Haiti recover
and rebuild. Bringing relief to the millions who are suffering poses
tremendous challenges--navigating crumbled roads and damaged
ports, and finding shelter for the homeless--but we must forge ahead
to help restore the Haitian people's energy and optimism for a more
hopeful future.

We are fortunate that our Nation has a unique capacity to
reach out swiftly and broadly, and Americans have always come
together to serve others in times of great need. The dedication of our
military personnel and rescue teams, and the goodwill of millions of
Americans lending a helping hand, demonstrate the courage and
decency of our people.

To learn more about our efforts, visit: www.WhiteHouse.gov/HaitiEarthquake. We will stand with the
people of Haiti and keep them in our thoughts and prayers.

Sincerely,

Barack Obama

To be a part of our agenda for change, join us at
www.WhiteHouse.gov

Caso 03 – Baixo Odor

Praticamente todo mundo gosta de sentir o cheiro de coisa nova, e no caso automobilístico, esse "prazer" é mais acentuado.

Por motivos que não vêm ao caso neste contexto, as empresas automotivas se viram na necessidade de diminuir este odor proveniente dos componentes internos dos veículos.

Como geralmente as especificações nascem na unidade matriz das montadoras, e estas quase na sua totalidade são estrangeiras, os primeiros produtos a atenderem aos requisitos nesta área também nascem fora do país.

Para atender certa montadora de origem europeia, a empresa onde eu trabalhava importava um produto com especificações para atender ao novo requisito: "Baixo Odor".

Importar qualquer produto apresenta vários agravantes, dentre os quais o preço, o custo logístico e a armazenagem. Assim, a empresa em que eu trabalhava questionou tecnicamente a possibilidade de produzir este produto internamente. A resposta técnica foi a seguinte: "para produzir este tipo de produto seria necessário importar uma resina "X" de uma unidade específica da Inglaterra e também montar um processo pós-produção com um custo em torno de seis milhões de Dólares".

Os custos para esta finalidade e o consumo, não tão expressivo internamente, inviabilizou este projeto.

Como já havia a vitória anteriormente mencionada no caso 01 deste capítulo, ousei fazer o mesmo com este tipo de produto.

Quando a gente quer algo sinceramente para uma boa finalidade, as coisas começam a vir ao nosso encontro.

Em conversa com um fornecedor apareceu o primeiro passo e, com a ajuda da Intuição, nasceu o segundo importante passo.

Atendendo ao que foi intuído, fiz o mesmo caminho do anterior, ou seja, segui o que veio na mente e atuei no processo e testes.

O resultado foi positivo. Dias depois acompanhei testes na unidade fabril em dois tipos de equipamentos e os resultados se mantiveram positivos também.

Ali nascia mais uma conquista importante para a empresa e para os clientes, uma vez que daria mais segurança produzir e distribuir um produto interno do que todo o trâmite e custos de importação.

O elemento mais importante deste caso citado foi a tecnologia gerada, tendo também os custos ficado de acordo e competitivos.

Mais uma vez a intuição, ou processo psíquico foi determinante no progresso da empresa.

Tomada de Decisão

Caso 01 – No início de 2010 eu estava para resolver um negócio imobiliário e, caso este não tivesse uma solução rápida, eu correria o risco de perder dois imóveis.

Meu imóvel em Santo André foi hipotecado para levantar fundos para a construção de um maior, onde a venda deste teria como objetivo poder terminar a construção do imóvel em Pindamonhangaba e resgatar a hipoteca.

Assim, eu tinha que tomar uma decisão urgente que resolveria a situação. Apareceu uma alternativa, porém, estava aquém do valor esperado. Busquei informações e ajuda para poder decidir, mas, sem sucesso. Certo momento minha esposa falou-me:

- Bem! Você não escreveu um livro sobre a Intuição?

- Utilize a sua intuição!

Foi o que fiz.

Preparei-me durante a semana cuidando do equilíbrio emocional e espiritual. Coloquei a situação de duas formas:

a) Imaginei-me fechando o negócio proposto (a venda da casa de Santo André) que seria a salvação imediata, porém, por um valor 30% abaixo.

b) Imaginei-me não aceitando o negócio e esperando por algo melhor, mesmo correndo riscos.

Dei atenção ao meu coração, ou seja, a situação em que eu sentisse o coração tranquilo seria a opção a seguir, sendo a outra, com o coração apertado, descartada.

Resultado: o coração sentiu-se bem não fechando o negócio, apesar de poder me levar a perder tudo, e sendo um grande risco.

Respondi negativamente à oferta de compra. Graças a Deus e à ajuda da Intuição, outra oferta já estava em curso. Fechei nesta segunda opção por ser mais adequada às minhas exigências.

Foi uma grande tomada de decisão, na qual, sem a intuição eu teria dado atenção à razão e acabado fazendo "um péssimo negócio".

Ciência

Após todos os casos anteriormente mencionados e que eu, particularmente tive a oportunidade e a experiência de vivenciar, chegamos então a uma seção bem específica onde temos a oportunidade de mostrar casos reais e afins com o tema do livro, qual seja, tratando de ciência. Tais casos são importantes no sentido de apresentar a intuição como importante ferramenta de apoio à pesquisa e de direcionamento dos caminhos da mesma, sem fugir de uma metodologia rigorosa, mas servindo de apoio e de ferramenta complementar às já existentes.

Caso 01- Quando eu escrevia a obra "A Reconstrução do Universo" em Orlando, no ano de 2015, eu tinha muita dúvida de como algo poderia se expandir no "nada".

Digo isso porque segundo a Teoria do Big Bang, um ponto se projetaria formando matéria no espaço, ou seja, gerando o volume que conhecemos (mesmo que pouco).

Enquanto questionava isso, deitei o corpo olhando para o teto do quarto. De repente, veio na minha mente na forma de pensamento mais forte o seguinte questionamento:

- *Imagine se você tirasse o teto e as paredes do quarto, imagine tirar todos os objetos, inclusive todos os astros do céu. Agora imagine um vazio infinito.*

- Agora, imagine que este infinito vazio é um mar de energias dinâmicas tão ínfimas que nenhum instrumento possa medi-las. Este é o celeiro de energias para se formar a matéria e tudo o que você vê.

Neste momento, entendi que não há o "nada", mas algo que foge à nossa compreensão racional e analítica. Que a Dimensão Espacial só é possível pela condensação destas energias. Desta forma, somente com a presença de matéria pode existir esta dimensão.

Caso 02 - Certa tarde, entre os anos de 2017 – 2018, eu estava à frente do meu computador para iniciar os meus trabalhos. Não estava pensando neste assunto relatado.

De repente, à minha esquerda, formou-se, como que projetada holograficamente, a imagem de uma espécie de metal no tamanho de um caroço de pêssego. A cor era similar ao do bronze e, no centro, aparecia um bronze avermelhado. Próximo da extremidade inferior havia uma onda com pontas agudas e na cor de lava vulcânica incandescente. À medida que a onda se aderia ao objeto, a sua incandescência ia se apagando e se tornando parte daquele objeto. Este fenômeno demorou alguns segundos, mas o suficiente para uma observação do tipo câmera lenta.

Ao mesmo tempo em que o fenômeno era visualizado, veio a informação na forma de pensamento:

- É assim que se forma a matéria!

Devo ressaltar que esta visão não era como vemos as coisas naturalmente, e não era um pensamento. Seria como "enxergar com a mente".

Analisando o fenômeno, e descrevendo o que a visão queria passar como informação ou processo, a conclusão que tirei foi a seguinte:

- O objeto na verdade era algo em altíssima velocidade sobre seu eixo.

- O que formava o objeto eram ondas de altíssima energia e velocidade pela sua característica de lombadas pontiagudas.

- A aderência, na verdade, seria como se as moléculas do ar se aderissem a um tornado fazendo parte deste e aumentando o seu tamanho e potencial.

- A cor similar ao bronze seria a expressão (se assim posso dizer) da velocidade das ondas enroladas.

Agora, vamos recorrer à lógica do fenômeno físico.

Na minha concepção, ou entendimento analítico, a concentração de energias (ondas) só poderia acontecer desta forma, ou seja, uma espécie de novelo de lã sendo enrolado. Uma das características da onda é a sua projeção na forma de linearidade, ou se podemos comparar para melhor entendimento, pedaços de uma linha (tipo cabo de "telefone antigo" espiralado). A melhor forma de empacotar uma linha seria enrolando a mesma sobre seu eixo inicial, ou como descrito, um novelo de lã, por este modelo apresentar característica esférica ou "partícula".

Acredito que somente assim, pode-se concentrar alta quantidade de energias em um ponto.

Caso 03 - Lembra-se de quando foi me mostrado a "Formação da Matéria"?

- Minutos após aquela visão, outra visão foi se formando ao lado, como sendo um disco gasoso, com uns dois metros de diâmetro por uns trinta centímetros de espessura e um vazio no centro. Este disco girava lentamente, e, na minha mente, eu sabia que representava uma galáxia. Segundos depois, eu me via no centro deste disco (ou parte vazia) e observava ondas luminosas que desciam junto a fluxos escuros, como se fossem linhas descendo por um ralo de água, ou seja, imagine se você fosse colocado em um grande ralo e visse o movimento da água descendo e arrastando fios luminosos que acompanham o fluxo vorticoso do líquido.

Neste processo eu entendi o que relatei acima. A informação veio instantaneamente também.

Caso 04 - No dia 19 de Junho de 2018, na parte da manhã, no meu banheiro, enquanto secava as mãos, veio na mente uma imagem clara do universo, ou seja, uma espiral cheia de galáxias e a ideia de que a luz acompanhava o fluxo desta curvatura.

Em outras palavras, a luz acompanharia a curvatura dos braços desta construção na forma de espiral.

Dei atenção a este fenômeno, por não se tratar de um pensamento comum, e porque eu não pensava no assunto. Veio rápido e com a informação, ou entendimento, do que estava acontecendo. Esta é uma das características da Intuição.

Simplificando a informação, a luz em grandes distâncias acompanha a tessitura do universo ou as curvaturas que não podemos detectar ou perceber, devido a uma observação de dentro do conjunto. Seria similar a uma bactéria querer descrever a forma do seu hospedeiro.

Acredito que o novo telescópio **James Webb**, lançado em 25 de Dezembro de 2021, poderá mostrar o universo com maior amplitude, ultrapassando os famosos 13,8 Bilhões de anos estimados pela Teoria do Big Bang, e desta forma, visualizar o que foi descrito acima (Vórtices compostos por galáxias).

Variados

Caso 01 - Programa da Marinha dos EUA para estudar como as tropas usam a intuição

POR CHANNING JOSEPH

27 DE MARÇO DE 2012 17H09 27 de março de 2012 17h09 5

A Marinha dos Estados Unidos iniciou um programa para investigar como os militares podem ser treinados para melhorar o seu "sexto sentido", ou habilidade intuitiva, durante o combate e outras missões.

A ideia do projeto vem, em grande parte, do testemunho de tropas no Iraque e no Afeganistão que relataram uma sensação inexplicável de perigo pouco antes de encontrarem um ataque inimigo ou colidirem com um dispositivo explosivo improvisado, disseram cientistas da Marinha.

(Créditos: The New York Times – www.nytimes.com)

Caso 02 - *Jeff Bezos e o papel da intuição na tomada de decisões*

Por Sean P. Murray 9 de outubro de 2018

Quando se trata de tomada de decisão, Jeff Bezos se sente bem confiando em sua intuição. Isso pode ser uma surpresa, dada a reputação da Amazon em análise de dados. Bezos disse no passado: "Nosso sucesso na Amazon é uma função de quantas

67

experiências fazemos por ano, por mês, por semana, por dia".

Julgando apenas por esta citação, pode-se imaginar que os funcionários da Amazon são como cientistas em laboratório, acompanhando cuidadosamente os resultados dos experimentos e analisando os dados para tomar cada decisão. No entanto, essa analogia seria enganosa. Embora a cultura de experimentação na Amazon seja forte, existem algumas decisões que simplesmente não se prestam à análise dos dados. Assim falou Bezos:

"Todas as minhas melhores decisões nos negócios e na vida foram feitas com o coração e com a intuição - não por meio da análise. Quando você pode tomar uma decisão com a análise, você deve fazê-lo, mas acontece na vida que suas decisões mais importantes são sempre feitas com instinto, intuição, gosto, coração."

(Créditos a: www.RealTimePerformance.com)

Capítulo VI

Transmutação Atômica com Baixa Energia

Proposta de testes para verificação da hipótese apresentada nesta obra.

O escopo deste estudo é provar o crescimento do átomo através da emissão de elétrons de dentro do núcleo atômico.

Este estudo é fundamental para propor uma nova realidade científica quanto à constituição e desenvolvimento da matéria e do universo.

Se provada esta nova realidade, a compreensão sobre o desenvolvimento do universo terá um grande avanço.

A intenção também é demonstrar uma ordem rígida nas leis da Química e da Física e sua repetibilidade periódica.

Os cuidados necessários para estes testes devem "evitar" que o átomo em estudo, sofra processo de "Fusão Nuclear" artificial ou natural.

O estudo terá o elemento Hidrogênio como base para os testes por suas características:

- •Ser o primeiro elemento da Tabela Periódica com apenas um elétron.

- O elemento em maior quantidade no universo.
- Estrutura atômica simples.
- Elemento com baixa estabilidade no início da cadeia atômica.
- Elemento que possibilita a Fusão Nuclear através de processos naturais e artificiais.
- Estado físico gasoso em condições normais de temperatura e pressão.

A proposta partiu de estudos descritos nesta obra, utilizando os mesmos parâmetros:

- A obra A Grande Síntese de Pietro Ubaldi.
- Visões Psíquicas Intuitivas.
- Avaliação Intelectual do autor.
- Informações científicas.

O crescimento ou liberação de um novo elétron do núcleo atômico e o crescimento do núcleo, pode acontecer naturalmente em minutos, horas, dias, anos, décadas ou séculos. Somente se saberá se houver o início dos testes, e que estes tenham o acompanhamento que for necessário pelos cientistas.

Acredito que este tipo de teste seja o mais simples e fácil para poder montar o grande quebra cabeça fenomênico do universo e da vida. E o mais barato também.

Estrutura física para os testes:

- Três vasos com isolamento térmico e saída do gás para análise da sua composição química.

- Analisadores de pureza de alta resolução.
- Padrões de gases para aferição dos analisadores.
- Sistema de proteção contra fraudes.
- Corpo técnico altamente especializado e confiável.
- Registro de corrente elétrica no sistema.
- Auditoria externa de por entidades confiáveis.
- Todo o processo deve estar isolado e vigiado por sistemas de segurança.

Método de Teste:

A ideia é a verificação da possível formação dos elementos Deutério, Trítio, Hélio-3 e do Hélio por emissão de elétrons do núcleo.

Não pode haver condições de Fusão Nuclear.

- Encher três vasos (tanques) com Hidrogênio puro.
- Triplicata nos testes.
- Registrar a temperatura do sistema.
- Extrair amostra do gás para teste de pureza após tempo estimado e determinado.

Maiores detalhes da proposta serão discutidos previamente e debatidos por especialistas em suas áreas. (Físicos, Químicos, Astrônomos, Astrofísicos, Matemáticos etc.).

Algumas informações interessantes sobre a formação do Hélio aqui na Terra

Segundo a ciência, a formação do Gás Hélio aqui no planeta Terra, foi devida a emissão das partículas Alfa = núcleo de Hélio, dos elementos Urânio e Tório por milhares de anos. Desta forma, cada partícula Alfa capturava 2 elétrons para a formação do novo elemento.

Com estas informações, fui pesquisar um pouco sobre esta possibilidade, pois já se extraiu quantidades expressivas de Hélio do subsolo e descobriu-se muitas minas de Urânio e Tório devido a utilização na produção de energias e outras finalidades.

Geralmente o Hélio é extraído junto ao Gás Natural, desta forma, é só fazer uma comparativo do volume produzido e ponto geográfico das extrações. Em outras palavras, pela teoria da ciência, onde há Hélio deverá ter o Urânio e o Tório, e isto numa relação entre a fonte geradora (Urânio e Tório) e o elemento gerado (Hélio).

Quando comecei o comparativo, as informações não batiam com o teórico. Assim, apresento de forma simples e até informal o que encontrei. Levando em conta as possibilidades dos cálculos sendo generosos para fortalecer a teoria apresentada pela ciência.

As fontes obtidas foram livremente encontradas na internet, assim, ficam os créditos às fontes de dados.

Maiores Produtores Mundiais de Urânio, Tório e Hélio

Produção Mundial de Urânio (%) - 2019	Reservas Mundiais de Tório (mil. toneladas) - 2020	Produção Mundial de Hélio (mil. m³) - 2020
Austrália – 28	Índia – 1.070	EUA - 74
Cazaquistão – 15	Brasil - 632	Qatar - 45
Canadá – 9	Austrália - 595	Argélia - 14
Rússia – 8	EUA - 595	Rússia - 5
Namíbia – 7	Egito - 380	Austrália - 4

Nota:

O EUA produz 1% de Urânio no planeta, mas é o maior produtor mundial de Hélio.

O Qatar é o segundo maior produtor de Hélio no mundo, mas não produz Urânio.

Créditos para as Fontes:

Referências para o Urânio: World Nuclear Association

Referência para o Tório: en.wikipedia.com

Referência para o Hélio: www.statista.com

Cálculos da Produção de Hélio no Mundo

Produção mundial de Hélio em m³ no ano de 2020.

140.000.000 (140 milhões de m³).

Se esta produção for a mesma pelos próximos 30 anos (estimativa de produção no Qatar) teremos a seguinte produção de Hélio:

(140.000.000 x 30) = 4.200.000.000 (4,2 bilhões de m³).

Apesar de ser uma hipótese, pode ser um valor maior, ou até menor. Mesmo com estas variáveis, ainda é um valor considerável.

Densidade do Hélio = 0,1785 kg/m³.

Desta forma, (4.200.000.000 m³ x 0,1785 kg/m³) = 749.700.000 kg

Para toneladas ---> (749.700.000 / 1.000) = **749.700 toneladas em 30 anos de produção.**

Aqui é somente a estimativa para 30 anos de produção mundial de Hélio a partir do Gás Natural, não é levado em conta o que já foi produzido desde a sua descoberta, e o que já foi perdido nas várias formas e novas fontes a serem descobertas.

Na atualidade há empresas realizando estudos promissores para novas fontes de Hélio, e com certeza, o volume mundial de extração deverá subir.

No decaimento do ^{238}U para ^{234}U, há liberação de uma partícula α que gera a mesma quantidade de Hélio. Desta forma, o decaimento de ^{234}U para ^{230}Th libera outra partícula. Portanto, com estes 2 decaimentos, serão formados 2 átomos do elemento Hélio. Pela lógica, a partir de 1 átomo de Urânio serão produzidos 2 átomos de Hélio.

A partícula α é igual ao núcleo do átomo de He, e quando este núcleo captura dois elétrons, gera o átomo de Hélio.

Mol do Urânio = **238 g**

Mol do Hélio = **4 g**

Se a partir de 238 g de Urânio pode-se gerar 8 g de Hélio.

Logo, 238 toneladas de Urânio produzem 8 toneladas de Hélio.

Se em 4,5 Bilhões de anos só a metade (50%) decaiu para gerar o elemento Hélio, então a quantidade de Urânio na fonte onde se origina o Hélio terá que ser o dobro.

Podemos gerar um **fator** para uma visão de aumento de produção de Hélio.

238 / 8 = 29,75. Se somente a metade do Urânio e Tório produziram o gás Hélio, desta forma, podemos dizer que este fator dobra, ou seja, <u>para cada 1</u>

tonelada de Hélio produzido por decaimento radioativo, foram necessárias **59,5** toneladas de Urânio e Tório.

Produção estimada de Urânio e Tório para 30 anos.

Apenas para efeito comparativo com a produção estimada de Hélio.

Segundo a **World Nuclear Association**, segue estimativas de recursos mundiais de **Urânio** no ano de 2019: **6.147.800 toneladas**.

Demanda mundial de 67.000 tU/ano.

No caso do **Tório**, pela mesma **World Nuclear Association**, as estimativas de recursos mundiais em 2020: **6.390.400 toneladas**.

Somando as estimativas de recursos mundiais para estes dois elementos (Urânio e Tório) tem-se o valor: 6.147.800 toneladas de Urânio + 6.390.400 toneladas de Tório = **12.538.200 toneladas (U + Th)**.

Observações:

•Até aqui foi trabalhado apenas com hipóteses matemáticas em relação aos dados obtidos com as produções dos três elementos envolvidos no ciclo, ou seja, Urânio, Tório e Hélio.

•Os parâmetros utilizados foram de datas próximas aos cálculos (2022), desta forma, não foi levado em conta variáveis do passado (produção e perdas do Hélio por ser um elemento gasoso e mais leve que o ar).

•As fontes mensuradas de Urânio e Tório são minas próximas da superfície e na superfície do planeta.

•O Hélio produzido tem origem na extração do Gás Natural (Regiões profundas).

•Há extrações de Gás Natural que não possuem o elemento Hélio na sua composição em quantidade significativa, mas tem grandes reservas de Urânio e Tório (exemplo – Brasil).

•Observando os mapas de países ou regiões produtoras de Hélio, geralmente as minas de Urânio e Tório não estão próximas aos pontos de extração do gás Natural, por exemplo, nos Estados Unidos onde a maior produção se encontram entre o Kansas, Oklahoma e o Texas, enquanto as minas de Urânio e Tório estão a Oeste, norte e até a Leste do país. Em muitos casos, países produtores de grande quantidade de Hélio não possuem reservas ou minas de Urânio e Tório relatado (caso do Qatar).

•Apesar de conhecer muito pouco sobre Geologia e Física Nuclear, acredito que para a formação do Hélio através do decaimento atômico, o Urânio e o Tório teriam que estar em condições físicas favoráveis para esta geração.

•Pesquisando sobre a composição das Lavas Vulcânicas (material resultante de regiões profundas do planeta), não encontrei informações sobre a presença dos elementos Urânio e Tório.

Infelizmente, não possuo informações sobre as perfurações para encontrar Hélio e a relação com a presença de Urânio e Tório no material extraído da perfuração.

Apesar de não se conhecer muito sobre as regiões mais profundas de onde se extraem o Gás Natural, por dedução, as possibilidades de grande presença de Urânio e Tório, mesmo em épocas muito remotas, são muito pequenas. Com esta análise e informações acima descritas, provavelmente a grande fonte de Hélio teria outras origens e processos.

Existem a meu ver três possibilidades:

Possibilidade 1 - A Teoria descrita pela ciência onde ocorre a produção de Hélio através do decaimento atômico do Urânio formando o Hélio. Teoria baseada na presença do Hélio observada por espectroscopia apresentando faixa espectral de coloração Amarela. Também observada em eclipse solar.

Possibilidade 2 - Transmutação atômica (Sem a Fusão Nuclear) ou crescimento do átomo através da emissão de elétrons do núcleo atômico, assim como o crescimento deste núcleo dando equilíbrio ao átomo, como descrito nesta obra segundo as minhas hipóteses.

Possibilidade 3 - Gases aprisionados durante o resfriamento do planeta reforçando a hipótese da formação do planeta dentro da estrela mãe, ou no caso da Terra, dentro do sol. Estas informações seguem as mesmas fontes do caso anterior (minhas hipóteses que serão relatadas posteriormente e graças às informações extraídas da obra A Grande Síntese de Pietro Ubaldi e análise das possibilidades).

Em uma análise de possibilidades decrescente, eu defendo a seguinte ordem:

Possibilidade 3 – Pelo alto volume de Hélio apresentado no planeta, pela hipótese de resfriamento da crosta terrestre e fatores como a grande presença de Hidrogênio e Hélio no sol, esta é a maior possibilidade da presença de Hélio no planeta Terra. Uma pista para comprovar esta hipótese, está na composição de Júpiter (75% em massa de Hidrogênio e 24% em massa de Hélio). Por dedução, Júpiter também é oriundo de dentro do sol.

Possibilidade 1 – Pelas grandes reservas ou abundância dos elementos Urânio e Tório no planeta. Processo rápido e já constatado pela ciência.

Possibilidade 2 – Transmutação atômica, pode ser o processo mais abundante no universo, mas não sabemos qual o tempo que este processo demora para este fenômeno, e condições do meio físico. No caso da Terra só a ciência pode verificar.

Nota:

Independentemente da comprovação desta possibilidade 2 para fins acadêmicos e científicos,

este pode ser o início de um experimento para futura produção de Hélio e Hélio-3 para fins comerciais, produção de energia e pesquisas.

As empresas deveriam investigar e investir nessa possibilidade, afinal, as reservas de Hélio no planeta são finitas e preocupantes, alertam os cientistas, e cada vez mais utilizadas em altas tecnologias como aeroespaciais, TI, medicina, pesquisas instrumental, semicondutores e outros.

Sobre o Autor

Sergio Antonio Meneghetti

São Paulo – Brasil
Cientista Intuitivo, Escritor, Palestrante e Químico.
Embaixador Universal da Paz – França – Genebra – Suíça – Cercle
Universel des Ambassadeurs de la Paix

Autor dos livros:

– O Sertanejo de Goiás - Romance Ficção

– Gestão é Uma Arte - Gestão Humana

– A Reconstrução do Universo - Tratado científico sobre universo e vida.

– **The Reconstruction of The Universe** – Versão Inglês.
– **O Fim Sem Fim do Universo** - O futuro da vida e do universo

– **Intuition Working Tool** - Autodesenvolvimento – versão em Inglês – USA

– **Intuição, Ferramenta de Trabalho** - Autodesenvolvimento

– **O Cavalinho Dourado** - Infantil

- **Paz no Mundo** – Volume I – Poesias

- **Paz no Mundo** – Volume II – Poesias

– **O Pequeno Florista** - Infantil

– **Liberdade da Consciência** - Filosofia

– **Vida de Água** - Romance Ficção

– **A Construção do Pensamento** - Filosofia

– **Socialmente Falando** - Sociologia

– **Intuição para Mulheres** - Autodesenvolvimento

– **Sem Saber Sabino** - Contos

- **Emilião** - Infantil

- **Multiplicando a Genialidade** - Autodesenvolvimento

- **Multiplying the Genius Within** - Versão Inglês

- **Multiplicando la Genialidad** – Versão Espanhol

- **Homem de Barro** – Filosofia

- **For Those Who Work in New York** – Carreira

- **The Quantum World and the Expansion of the Universe - Cosmological Model by Vortices** - Ciência

Membro da Associação Internacional Poetas

Membro do movimento pela Paz – Poetas Del Mundo

Membro da Fondation Franz Liszt – França

- **Entrevistas:**

Vanguarda TV - Rede RVC TV - Band Vale TV - AllTV, TV Taubaté - Think TV – Tatiana Fedatto - Agoravale - Acontece Pinda – Programa Corre Certo – Rádio: Difusora, Rede Assim, Vale FM, Princesa e Sites.

Palestras:

- Espaço Terapêutico e Artístico (Como Superar a Indústria 4.0 e a Inteligência Artificial).

- Hotel IBIS Taubaté (A Intuição na Sua Profissão)

- Nova Gokula Pindamonhangaba (Intuição, a ferramenta psíquica do futuro)

- Colégio Dr. João Romeiro Pindamonhangaba (Intuição nas Empresas)

- Faculdade Anhanguera Taubaté (Intuição nas Empresas)

- Faculdade de Pindamonhangaba FAPI (Intuição nas Empresas)

– Faculdade Anhanguera Pindamonhangaba (Intuição nas Empresas)

- Casa Espírita: Amor e Caridade – Orlando – Flórida – Estados Unidos.

Autor das Hipóteses Científicas por Percepção Psíquica Intuitiva:

– Formação da Partícula Subatômica

– Nascimento de um novo planeta no nosso sistema solar.

Empregos:

– **Lyondellbasell (Ex – Polibrasil)**

– **Chevron Química do Brasil**

– **Instituto de Pesquisas Energéticas e Nucleares – IPEN**

– **EMCA**

– **Atlas Indústrias Químicas (Oxiteno)**

– **SAAB SCANIA**

Agradecimentos Recebidos:

– E-mail Presidencial de Barack Obama (02/04/2010).

– Agradecimento do Papa Francisco ao *Cercle Universel des Ambassadeurs de la Paix*

– Certificado de Honra ao Mérito por trabalhos Humanitários em prol da Cultura e da Paz – 2009 pela Revista Zap

– Robson Miguel – Violonista N°1 do mundo

– Prêmio Destaque Poético 2013 – ALAF (Academia de Letras e Artes de Fortaleza)

– Instituto Ayrton Senna (em nome de Viviane Senna)

– Unidade Jardim Pueri Domus

– Rádio Nova Brasil FM

– Doutores da Alegria

– David Feffer "Grupo Suzano".

– Volker Trautz (CEO) internacional "LyondellBasell Industries"

– Destaque do mês na Polibrasil

– Bondinho Pão de Açúcar.

Participações:

– Revista: Segredos da Mente – matérias sobre a intuição em 3 edições.

– Convidado a palestrar na ONU – New York – BRAZILIAN PEACE, LITERATURE, SUSTAINABILITY AND ARTS – 2016.

– Brazilusa Magazine Orlando (USA) – colunista.

– Jornal Tribuna do Norte – http://jornaltribunadonorte.com.br/escritor-local-publica-seis-livros-em-75-dias-nos-estados-unidos/

– Agora Vale – Coluna – Trabalho Intuição Etc. – Pindamonhangaba

– Participações com artigos e poesias nos sites e jornais:

– www.administradores.com.br/sergio59

– Dia-Dia-News

– Pensador – site UOL

– Vale Empresarial

– Rádio Raizonline – Portugal

– Revista Exemplar – colunista – Pindamonhangaba

– Contemporary Literary Horizon – Romênia

– Revista do Sindicato dos Químicos do ABC

– Rádio Mundial

– Jornal Villagenews – Pindamonhangaba

– Condomínio News

– STOP a Destruição do Mundo (ONG Internacional fundada em Paris – França) www.stop.org.br

- SITA – Sociedade Internacional de Trilogia Analítica
- Café Cultural – SESI – Santo André
- Jornal da Cidade – Pindamonhangaba
- Jornal do Brasil – Rio de Janeiro.
- JB Online – Rio de Janeiro.
- Jurado no Festipoema 2010
- Exposição – Consciência Negra – Museu de Pindamonhangaba

Homenagens Recebidas:

- Homenageado pela formando em Administração 2017: Hellen Morais Raybbot Gonçalves
- Moção de Congratulações da Câmara de Vereadores de Pindamonhangaba.

Consagrações em concursos poéticos (livros):

- Introdução: Cabo Verde – O Outro lado da Política (Carlos Fortes Lopes)
- Prefácio: Versos Soltos (Carlos Fortes Lopes – Cabo Verde)
- Antologia de Poetas Brasileiros volume 5.
- II Olimpíada Cultural – "500 Anos da Língua Portuguesa" 2005
- III Olimpíada Cultural – "500 Anos da Língua Portuguesa" 2006

- Livro de Ouro da Poesia Brasileira
- "IV Seletiva de Poesia, Contos e Crônicas de Barra Bonita".

- "Panorama Literário 2005/2006" (6500 inscritos)
- "Novos Poetas Novos Talentos"
- "Poetas do Brasil"
- "Concurso Internacional do site Voz Di Studanti" (Cabo Verde).

85

– "4º Concurso Literário de Contos e Poesias"

– Poetas Del Mundo em Poesias – volume I

– Antologia da Academia Pindamonhangabense de Letras (2012)

– Antologia "Mulheres Entrelaçadas" (Lançamento na Alemanha)

– Antologias eletrônicas: Fenix (Portugal) e Editora Pragmatha

E-mail: sergio.livro07@gmail.com

www.ingramcontent.com/pod-product-compliance
Lightning Source LLC
Chambersburg PA
CBHW062357290526
45794CB00005B/2273